My Feeling And Me

我知道情绪为什么会变化

[英] 波皮·奥尼尔
（Poppy O' Neill） / 著

吴奇 / 译

中国科学技术出版社
·北 京·

图书在版编目（CIP）数据

我知道情绪为什么会变化 /（英）波皮·奥尼尔
（Poppy O'Neill）著；吴奇译 . -- 北京：中国科学技
术出版社，2024.1
（你是最棒的）
书名原文：MY FEELINGS AND ME
ISBN 978-7-5236-0339-0

Ⅰ . ①我…　Ⅱ . ①波…　②吴…　Ⅲ . ①儿童 – 心理健
康 – 健康教育　Ⅳ . ① B844.1

中国国家版本馆 CIP 数据核字（2023）第 220593 号

前　言

多年来，我养育了孩子，并在学校和私营部门从事心理治疗工作，我很清楚，孩子在学习管理和理解情绪方面需要成年人的支持和帮助。通常，父母和周围其他有爱心的成年人不知道如何帮助孩子获得更多的情绪管理意识和素养。

波皮·奥尼尔的《我知道情绪为什么会变化》是一本很好的书，可以让孩子开始理解他们正在经历的不同感受，并学会以健康和积极的方式谈论、接受和处理这些情绪。本书以 7 ~ 11 岁的儿童为对象，通过有趣的练习和充满创造性的活动，帮助儿童以安全且易于理解的方式与自己的感受互动。孩子将在怪物朋友波普的陪伴下，探索丰富的情绪，并了解情商的其他领域，如身体意识、思维和感觉之间的联系、同理心、基础神经科学，以及培养感恩之心和照顾身体习惯的重要性。

我强烈推荐这本有价值且实用的书，希望它能成为帮助孩子管理和理解情绪的好伙伴。

英国咨询和心理治疗协会注册咨询师和心理治疗师
阿曼达·阿什曼－温布斯（Amanda Ashman－Wymbs）

引言：父母指南

本书基于儿童心理学家的经验，介绍了一些实用的活动和技巧，以帮助你的孩子理解自己的情绪，并了解情绪如何影响自己和他人的情绪。这将帮助他们建立韧性、自信心和同理心。

本书鼓励孩子去思考他们的感受，以及各种情绪是如何影响他们的想法和行动的。他们将学习平息情绪的实用技巧，以及如何得体地表达这些情绪。

也许你的孩子被他们的情绪弄糊涂了，或者似乎在与压倒性的情绪反应作斗争；也许他们把一切都藏在心里，缺乏表达自己情绪的出口。每个人都有情绪，关键是学会坦然地接受任何情绪。

本书针对的是 7～11 岁的儿童，这个年龄段的许多孩子仍然需要成年人的指导来舒缓某些情绪压力，这也会让他们的自我意识觉醒，因为这正是他们社会意识增强的时候。再加上青春期的到来和由此带来的所有新感觉，对每个人来说，这可能都是一个动荡和困惑的时期。如果这听起来很熟悉，那么你并不孤单。在你的支持和指导下，孩子可以更从容地面对自己的感受，尊重他人，并在遇到挑战时变得更有韧性。

与孩子谈论感受

与你的孩子谈论感受，是更好地理解他们的最简单的方法，但很难知道从哪里开始！以下是一个易于记忆的首字母缩略词，希望对你有所帮助。

P 嬉戏（Playfulness）：以轻松愉快的态度对待这个主题——不要太严肃。

A 接受（Acceptance）：接受孩子谈论的任何感受。感受没有对错——它们就是一种情绪。

C 好奇心（Curiosity）：对他们的情绪和想法表现出兴趣——问问你的孩子做自己是什么感觉。

E 同理心（Empathy）：表明你理解他们的感受，会安慰他们并与他们站在一起。

请记住：谈论情绪不会是一次性的，这更像是一种习惯。你不需要在一次聊天中解决任何问题或给出任何明确的答案。与你信任的人分享情绪，是安抚和摆脱困难经历的有效方式之一，所以在许多情况下，进行简单的交谈就足够了。

由心理治疗师丹尼尔·休斯博士开发的 PACE 沟通法，是一种与他人建立联系的方式，它创造了安全、高效的对话和关系，并得到了神经科学的支持，全世界的治疗师和心理学家都在使用它。

如何使用本书：
写给父母和看护人

这本书是写给你的孩子的，所以你最好跟随他们的脚步，参与其中。有些孩子会很乐意自己完成书中的活动，而另一些孩子可能需要一些指导和鼓励。

如果你的孩子想独立完成这些活动，那么你最好表现出兴趣并积极地与他们谈论这本书，询问他们学到了什么，并了解书中是否有他们觉得有用、有趣或有挑战性的内容。问问这本书给孩子带来了什么感受，这是引发情绪对话的一种好方法。

书中的活动旨在让孩子思考他们的情绪和想法是如何运作的，所以让他们放心，无所谓对错，他们可以按照自己的节奏阅读本书。希望这本书能帮助你的孩子更好地理解情绪是如何运作的，学会更加自如地表达情绪。当然，如果你对孩子的心理健康有任何严重的担忧，医生仍然是寻求进一步建议的最佳人选。

如何使用本书：儿童指南

你的情绪有时看起来令人困惑或不安吗？有这种感觉很正常！以下是一些感觉棘手的问题。

🦋 你发现很难谈论自己的感受

🦋 你试图不让别人知道你的感受

🦋 隐瞒你的感受，当你受到伤害时，你假装很好

🦋 当你情绪激动时，你会发现很难控制自己的行为

🦋 当别人情绪激动时，你会感到担忧或害怕

如果你遇到过上述问题，那么这本书会对你有所帮助——你将学习所有关于情绪的知识，并学会如何以一种对你来说自在的方式去表达它们。

在书中，你会发现很多有趣的活动和想法，你可以按照自己的节奏去阅读。你可以在任何时候向你的父母（或看护人）寻求帮助，与他们谈论书中的任何内容。这本书是写给你的，也是关于你的，但并没有什么对错之分——你说了算！

怪物波普简介

嗨！很高兴见到你。我是波普，由我来指导你读完这本书。你曾经对自己的感觉好奇吗？

我知道——它们太有趣了！书中有很多有趣的活动和想法，它们可以帮助你学习。你准备好了吗？让我们开始吧！

Contents 目录

第一章　情绪和我

本章我们将了解一些关于你和你的感觉的知识。了解你自己和你的情绪是理解它们的一个非常重要的部分。

活动：关于我的一切

首先，让我们了解一下你！

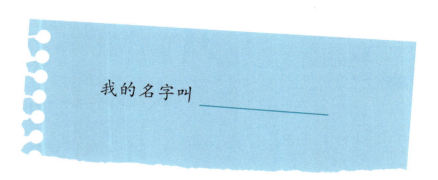

我的名字叫 ＿＿＿＿＿＿＿＿

我今年 ＿＿＿＿＿＿＿＿ 岁

我和 ＿＿＿＿＿＿＿＿＿ 住在一起

我最喜欢做的事情是 ＿＿＿＿＿＿＿
＿＿＿＿＿＿＿

可以用＿＿＿＿＿、＿＿＿＿＿
和 ＿＿＿＿＿ 三个词来描述我

活动：我的感受

每一天，我们都有很多不同的感受。你什么时候会产生下面这些情绪？

当 _____
_____ 时，我感到快乐。

当 _____
_____ 时，我感到伤心。

当 _____
_____ 时，我感到平静。

当 _____
_____ 时，我会生气。

当 _____
_____ 时，我会害羞。

当 _____
_____ 时，我会担心。

当 _____
_____ 时，我会勇敢。

当 _____
_____ 时，我感到厌恶。

什么是情绪？

　　情绪是我们的身心对周围发生的事情和我们的想法做出的反应。不仅人类有情绪，动物也有情绪。

　　情绪可以帮助你学会如何远离危险，例如当你对喧闹的道路感到害怕时；也能帮助你识别什么对你有好处，例如当你和朋友玩得很开心时。还有一些情绪会告诉你什么时候该寻求帮助，例如当你难过得需要一个拥抱时；或者有人对你不好，你也会在情绪上表现出来，例如有人骂你，你就会生气。

　　当你生病时，流鼻涕可以帮助你排出体内的致病菌，同理，情绪可以帮助你理解并从发生在你身上的事情中吸取教训，这样你就不会长时间困在情绪低落的状态中。

　　快乐、悲伤、恐惧和愤怒是 4 种基本情绪。还有很多其他情绪，但它们都与这其中的一种主要情绪有关。

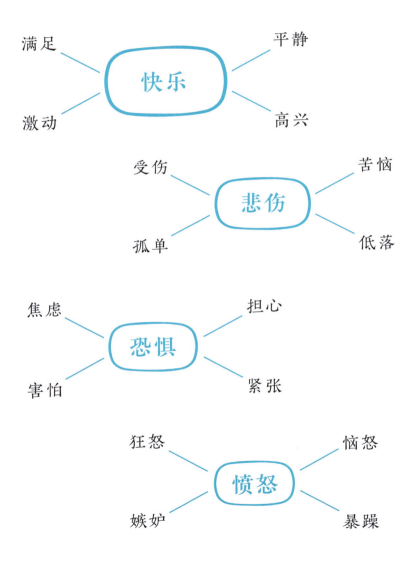

满足

平静

快乐

激动

高兴

受伤

苦恼

悲伤

孤单

低落

焦虑

担心

恐惧

害怕

紧张

狂怒

恼怒

愤怒

嫉妒

暴躁

I am
special

我是
独特的

活动：倾听你的想法

花点时间，听听你脑子里那些嗡嗡作响的想法，在这里写下其中的一些。

对于周末的到来我感到很兴奋。

哪个更好：猫还是狗？

情绪和思想都是从大脑中产生的，它们是紧密相连的。如果你感到快乐，你的思想就会快乐；如果你感到愤怒，你的思想也会愤怒。

所有情绪都没问题

你知道所有的情绪都是好的吗？这是真的！虽然当你感觉到它们时，其中有一些会感觉不太好，但这并不意味着它们是坏的或错误的，也不意味着它们会伤害你。

每个人每天都在感受情绪。大多数情况下，它们变化很快，但有时也会整天不变。并不是每一种情绪都表现在外，所以我们永远不会真正知道别人的感受，除非我们非常了解他们，并经常与他们交谈。

有时你可能对自己的情绪感到尴尬，或者认为自己的情绪不对。去感受就好了，你不能解释你的情绪，并不意味着它们不重要。

活动：情绪彩虹

经历各种各样的感受，会使生活变得有趣。有时你会同时感受到多种情绪，有时只能感受到一种情绪。有时很难说出自己的感受，但你的彩虹般的感受永远是你的一部分。

你能给情绪彩虹上色吗？

活动：匹配感受与表情

　　如何能猜出别人的感受？寻找线索的第一个地方是他们的脸！这就是我们表达情绪的地方，我们善于发现哪怕是微小的迹象。你能将表情与情绪相匹配吗？画一条线把它们连起来。

发怒的

惊讶的

厌恶的

平静的

激动的

担心的

快乐的

伤心的

　　你知道吗？婴儿在 4 个月大时就学会了区分父母表现出的情绪。

Everybody
feels sad
sometimes

每个人都
有感到难
过的时候

第二章　表达你的感受

展示你的感受真的很重要，但也可能很棘手！本章将带你了解如何表达你的感受。

为什么谈论感受会对你有帮助

当你感受到非常强烈的情绪时，你的大脑中一个叫作杏仁核的部分就会起作用。它通常被称为"感觉大脑"，大约有杏仁那么大。

把你的感受用语言表达出来，有助于"思维大脑"（它负责语言、记忆和知识，位于大脑顶部和前部）接管一切，这样你的"感觉大脑"会变得平静一些。

你谈论自己的感受越多，你的"感觉大脑"就越能与你的"思维大脑"联系起来。所以，即使发生了一些非常糟糕或可怕的事情，如果你谈论它，随着时间的推移，这些感觉就会变得越来越弱。

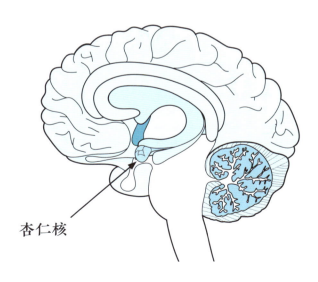

杏仁核

你会有什么感觉?

我们发现,对每个人来说,容易和困难的事情都不一样。写下这些事情给你的感觉,或者画个表情符号。

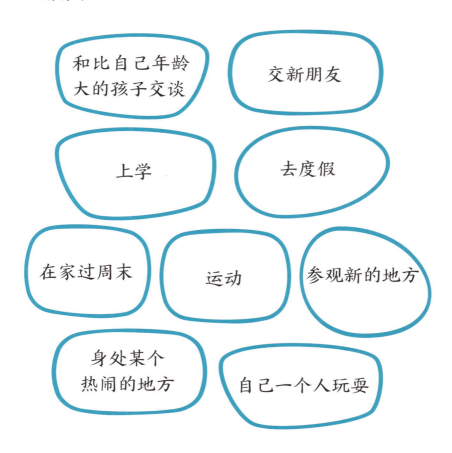

和比自己年龄大的孩子交谈

交新朋友

上学

去度假

在家过周末

运动

参观新的地方

身处某个热闹的地方

自己一个人玩耍

我知道情绪为什么会变化

在学校答错了一道题

参加比赛

进行争论

去游泳

上床睡觉

拥抱

去散步

与他人分享

尝试新食物

16

倾听你的身体

　　你的身体是寻找情绪线索的最佳场所。给你的感觉起个名字是有帮助的，但有时你起不了名字，这没关系！它不会让你的情绪变得更真实或更不真实。

　　有时情绪表现为肚子疼、心情沉重或精力旺盛。

　　花点时间倾听你的身体。你不需要给任何你能感觉到的东西起名字——只需注意你发现了什么。

活动：你现在感觉怎么样？

让我们花点时间多想想你现在的感受。首先，你的情绪——你可以圈出最接近你的感受的词语，也可以写下或画出符合你自己的感受的词语。

厌恶　　　　　　若有所思

难过　　　　　　平静

愤怒　　　　　焦虑

担心　　　　困惑　　　　开心

激动

你知道你为什么会有这种感觉吗？

例如：我很担心，因为明天要去见我的新老师。

_____

_____

_____

_____

你能体会到其他感觉吗？圈出来或自己写出来。

温暖　　　　　　　隐隐作痛　　　　　　疲倦

瘙痒　　　　　　　饥饿　　　　　　　　口渴

　　　寒冷　　　　　　　　舒适

再想想你的情绪，你在哪里能感觉到它们？在下图中画一些形状，以显示它在你身体里的感觉。

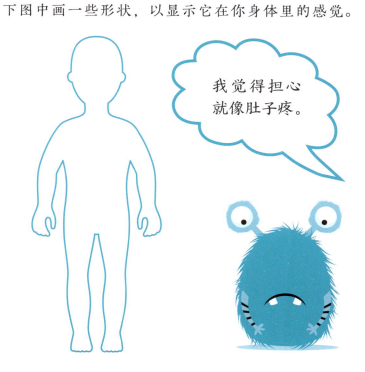

我觉得担心就像肚子疼。

活动：情绪追踪器

现在你已经习惯了检查自己的感受，你可以使用情绪追踪器来跟踪。

为每一种情绪选择一种颜色，然后为每一个方块涂上颜色，以显示你当天的主要感受。

	快乐		心烦意乱
	无聊		悲伤
	冷静		兴奋
	愤怒		担忧

情绪追踪器						
星期一	星期二	星期三	星期四	星期五	星期六	星期日

I can bounce back

我能振作起来

活动：画出你的感受

有时候要把感受用语言表达出来并不容易。这就是为什么你也可以通过绘画、玩耍和活动身体来表达情绪。使用此页面，用颜色、图形和图画来表达你的情绪。

你可以乱涂乱画，画任何你喜欢的东西——动物、人、事物、地方、植物……它们不需要看起来像现实生活中的样子，你的图画也不需要有意义。让你的感受引导你，玩得开心！

我知道情绪为什么会变化

你能用图画填满整页吗？

你并不孤单

情绪有时会让你感到孤独，尤其是当其他人似乎有不同的或较小的情绪时。

每个人都有情绪激动的时候。你可以有各种各样的感觉——你的感觉没有错——而且情绪不会伤害你。

通过阅读本书，思考你的情绪，你正在做一件非常勇敢的事情，这将帮助你表达自己。当你和自己信任的人谈论你的感受时，你会感觉更好，并意识到你并不孤单。

如何谈论感受

谈论自己的感受可能很棘手，甚至有点可怕！以下是一些有助于简化操作的小妙招。

- 🦋 谈谈你的感受——而不是你认为的别人的感受

- 🦋 如果有什么难以启齿的话，深呼吸

- 🦋 写下你想说的话

- 🦋 一边做其他事情（如走路或玩游戏），一边说话

- 🦋 谈谈说话带给你的感觉

- 🦋 如果你需要休息，就停下来

- 🦋 用绘画来表达你的感受

- 🦋 移动你的身体来表达你的感受

- 🦋 用书籍和电视节目中的人物来表达你的感受

- 🦋 活泼些——即使你在谈论一种困难的情绪，如果感觉良好，你仍然可以有创造力

活动：可以与我交谈的人

你能和谁谈论感受？不是每个人都很适合，这没问题！如果你能想到一两个人，那就足够了。

我可以和_____谈论感受	我觉得和他们说话很舒服，因为_____

活动：我可以谈论我的感受

有什么你想说却又很难开口的话吗？如果没有，也没关系。当你遇到麻烦，想要制订计划时，你可以回到这个页面。

用我们到目前为止学到的东西来完成句子。

我希望我能谈谈 _____

_____

_____

_____

我可以和 _____ 说说心里话

_____

_____

_____

有件事可以让我感觉轻松一些，那就是 _____

_____

_____

_____

_____

波普寻求帮助

　　寻求帮助很难！强烈的情绪会让事情变得更加困难。

　　波普正在写故事，结果卡壳了。波普开始感到愤怒和沮丧，想把这个故事撕掉，扔进垃圾桶！

　　波普能够寻求帮助，而不是撕掉这个故事，真的很勇敢。

为什么可以有负面情绪

有些人认为我们不应该把愤怒或恐惧之类的情绪表现在外，因为这会让别人感到不舒服。但是，如果你把你的感觉都藏在心里，它们就会变得拥挤和卡壳。

愤怒、悲伤和担忧等负面情绪的棘手之处在于，它们有时会让我们想要以让他人不安或伤害他人的方式行事。

学习如何以保护自己和他人安全的方式表达负面情绪，始终是一项出色的技能。

当你感到情绪激动时，你的身体可能想要：

🦋 击打　　　🦋 逃跑　　　🦋 蜷缩起来

🦋 踢东西　　🦋 隐藏　　　🦋 扔东西　　🦋 喊叫

你能想到其他表现吗？

_____

_____

_____

_____

_____

　　这些冲动是你的身体试图释放强烈情绪的方式，但通常这样做是不安全的，因为你可能会伤害自己或他人。

　　那么，如何才能帮助你的身体安全地释放出强烈的情绪呢？以下是一些方法。

- 在蹦床上跳
- 在地板上跺脚
- 击打垫子
- 在地板上敲鼓
- 在膝盖上敲鼓
- 坐在安全且安静的地方
- 哭（哭总是可以的）
- 给自己一个大大的拥抱
- 拥抱某人
- 写下你的想法
- 说出你的感受

　　你能想到其他方法吗？

当你担心的时候，
用安慰的话语

忧虑会使你的思想周而复始。一旦你开始担心，就很难停止！

说出、想想或写下安慰的话可以帮助你感觉更好。下次当你担心的时候，可以试试下面这些话语。

一切都会好起来的　　　我可以深呼吸

我很安全

我可以寻求帮助　　　我可以说"不"

犯错是可以的

活动：三角呼吸法

专注于你的呼吸是一种很好的方式，用来平息诸如担忧或愤怒之类的强烈情绪。手指沿着三角形三条边上的箭头方向移动，每次呼吸时都数到三。

当你感受到强烈的情绪时，你的呼吸会变得又快又浅。通过花一点时间做深呼吸，你的身体可以再次感到平静。

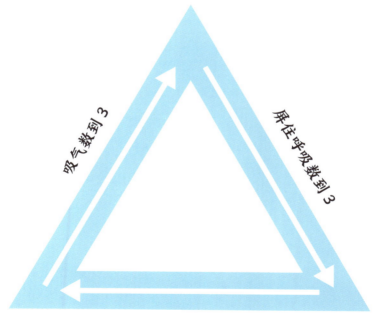

活动：我喜欢我自己

感情是让你与众不同的重要因素。但你不仅仅有感情！你的好恶，你对待他人的方式，以及你所做的选择，都融合在一起，形成了你的个性。

在下面的思维气泡中写字或画画。

当_____时，
我是自己的好朋友。

我对_____
感兴趣。

作为我，最好的
事情就是_____。

我为自己是
_____而感到自豪。

我是个很好的朋友，
因为_____。

你能在相框里画一张自画像吗？可以坐在镜子前，这样你就能好好看着你的脸！

I like myself!

我喜欢我自己

第三章　理解你的感受

在本章中，你将更多地了解情绪是如何运作的，并花些时间去发现做自己是什么感觉。

思维、感觉和行为

思维和感觉是相辅相成的。如果它们匹配，感觉就会变得更强烈，思维也会变得更敏捷！

波普对去大城市旅行感到很兴奋。他在想那里会发生的所有事情，所以兴奋的感觉越来越强烈，兴奋的想法也越来越多。

我们的思维和感受方式往往会通过我们的行为表现出来。因此，如果波普很兴奋，并思考与之相匹配的兴奋想法，他就会跑来跑去，谈论这次旅行，问很多相关的问题。

有时，兴奋的感觉也会变成担忧的感觉、想法和行为，如思考和谈论所有可能出错的事情！

那天晚些时候，波普仍然感到兴奋，但他开始想："我可以既有耐心又很兴奋。我可以享受今天，并期待这次旅行。"波普的兴奋感仍然存在，但它变得更小、更平静，也更容易感觉到。

这样想并不总是那么容易！这需要练习，也需要大人来帮助平息这强烈的情绪。

如果波普的情绪能平静下来，那么他会怎么做呢？在下面圈出你想得到的答案——也可以添加一些自己的答案！

谈论感受　　　　　　　　读一本书

画画　　　列出旅行中要带的东西　　　出去玩

深呼吸　　　谈论其他事情　　　收拾好旅行背包

惊喜！所有这些答案都是正确的。感受强烈的情绪并表现出来，当然是可以的。休息一下，做一些能让你的身心平静的事情，也是可以的——因人而异。

活动：了解你的感受、想法和行为

当波普悲伤时，他会感到心情沉重，这时他想要很多拥抱。

当你有某种感觉时，你是如何表达自己的感受的？请填空。

当我感到兴奋时，感觉就像＿＿＿＿＿，这时我会＿＿＿＿＿＿＿＿＿＿＿＿＿＿。

当我感到难过时，感觉就像＿＿＿＿＿，这时我会＿＿＿＿＿＿＿＿＿＿＿＿＿＿。

当我感到担忧时，感觉就像＿＿＿＿＿，这时我会＿＿＿＿＿＿＿＿＿＿＿＿＿＿。

当我感到快乐时，感觉就像＿＿＿＿＿，这时我会＿＿＿＿＿＿＿＿＿＿＿＿＿＿。

当我感到愤怒时，感觉就像＿＿＿＿＿，这时我会＿＿＿＿＿＿＿＿＿＿＿＿＿＿。

当我感到尴尬时，感觉就像＿＿＿＿＿，这时我会＿＿＿＿＿＿＿＿＿＿＿＿＿＿。

什么是自我对话？

　　自我对话是指我们看待自己的方式。这是你在脑海中与自己交谈的声音，也是你与他人谈论自己的方式。

　　如果你使用积极的自我对话，那意味着你对自己很好：你像一个好朋友一样与自己交谈——即使你遇到了困难或感觉很不好。积极的自我对话听起来像……

"悲伤是可以的"

"我正在尽力"

"干得好！"

　　如果你使用消极的自我对话，你脑海中的声音则是不友善的，当你度过艰难的一天时，会让你感觉更糟。消极的自我对话听起来像……

"你看起来很傻"

"别哭了"

"你需要更努力"

　　每个人都有积极的自我对话和消极的自我对话。最难善待自己的时候可能是你情绪最强烈的时候，但这也是最重要的时候。

　　当你情绪激动时，和善地对自己说几句话，会让你感觉更轻松，也有助于让你的身体平静下来。请继续往下读，看看该怎么做！

活动：了解自我对话的声音

花点时间闭上眼睛，听听你自己的想法。其中夹杂些别的事，但仔细听听，你会听到自我对话的声音。

它描述你的声音，想象别人的想法或感受，并预测未来会发生什么。

你能听到自我对话的声音吗？如果把它想象成一个人，它会有怎样的一张脸？圈出你觉得对的那张脸，或者自己画一张。

自我对话的声音可能会改变，这取决于你的感受。当你对自己感觉很好时，回到这一页，记下你自我对话时使用的一些词语。

下一次，当你情绪低落、担心或愤怒时，也回到这一页，写下你的自我对话。

想法不是事实

想法来自你的大脑。这意味着它们不可能都是真的——它们大多是基于以前发生在我们身上的事情，以及我们所感受到的情绪。

思维是你的大脑试图理解世界的方式。当你有什么事情不确定时，你的大脑会尽最大努力编造一个故事来解释它。

例如，一群你不认识的孩子在公园里。你从他们身边走过，他们都在笑。你不知道他们为什么笑，所以你的大脑可能会编造其中一个故事。

🦋 他们在嘲笑我

🦋 其中一个人刚刚讲了一个有趣的笑话

🦋 他们想让我难堪

🦋 他们只是在公园里玩得很开心——他们没有嘲笑我的理由

现在，这些事情不可能都是真的。你的大脑编造的故事通常与你对自己的感觉有关，而不是与实际发生的事情有关。你能选一个比较友善的故事吗？

如果你的大脑经常产生非常消极的想法，那也没关系。但请记住，想法不是事实，看看你是否可以选择一个更积极的想法。

　　大脑以多种不同的方式编造负面故事——这些都被称为"思维错误"。

　　以下是思维错误的主要类型及其表现出来的样子。

🦋 "要么全有，要么全无"思维：如果某事不完美，我就完全失败了

🦋 推断过度：如果有一件事出了问题，一切都会出错

🦋 关注消极因素：如果一件事出了问题，那是我唯一要考虑的——即使其他事都是对的

🦋 认命：我知道我会失败

🦋 读心术：我知道每个人都认为我不好

🦋 灾难性思维：一切正在被毁掉

🦋 感觉就是事实：我觉得自己很丑，所以我一定很丑

🦋 放大思考：我不喜欢自己的地方才是最重要的；而我喜欢自己的地方并不重要

🦋 负面比较：其他人各个方面都比我好

🦋 不切实际的期望：我第一次尝试就应该做到面面俱到

🦋 低估自己：我就是个失败者

🦋 责怪自己：出了问题都是我的错

🦋 责怪他人：如果其他人对我好一点，我会做得更好

　　这些听起来像是你自我对话的声音吗？在你认为"是"的那里画一个圆圈。

活动：翻转你的想法

我们已经认识到，想法不是事实，我们的想法可以改变我们的情绪，反之亦然。下一步是学会如何去选择一个善良、充满希望或积极的想法，而不是一个让你感觉更糟的想法。

这叫作翻转你的想法。

波普被邀请参加一个生日聚会。他画了一幅画作为生日礼物送人——波普对送礼物感到紧张！

如果他们不喜欢这个礼物怎么办？

等等，这听起来像思维错误！波普的脑子在想什么？波普并不知道接下来会发生什么，所以他的大脑正在编一个故事。

我希望他们喜欢我的画！

波普知道想法不是事实，于是选择了一个更有希望的想法。

我知道情绪为什么会变化

现在你试试吧！从每个消极的想法那里画一个箭头指向与之相匹配的积极想法，看看你是否可以翻转它。

消极的想法	⟳	积极的想法
学校里没有人喜欢我	⟳	我有好朋友
这道数学题太难了，我不会做	⟳	我可以寻求帮助
每个人都会嘲笑我的新眼镜	⟳	我迫不及待地想看看我的朋友们是否发现了我的新眼镜

你能想出一些更友善、更充满希望和更积极的想法来扭转你自己的消极想法吗？

消极的想法	⟳	积极的想法
	⟳	
	⟳	
	⟳	

每当一个想法试图让你沮丧时，把它写在这里，看看你是否能把它变成一个更友善、更有希望的想法。

活动：挑选并混合

从每个罐子里挑一颗糖来造一个让人感觉良好的句子！

在这里写下让你感觉良好的句子。

你能控制的事和不能控制的事

当你感到担心时，你似乎需要解决问题。但很多时候，让我们担心的是我们无法改变或控制的事情。

我可以控制：
我对待别人的方式
我的言语
我的行为
我的选择
和谁交朋友
我的努力

我无法控制：
别人如何对待我
别人的行为
别人的言语
我的家庭成员
天气变坏

想想什么事是你可以控制的，什么事是你无法控制的，这会帮助你感到平静。它的工作原理是提醒大脑，预知未来或对他人的行为负责并不是它的工作。下次当你担心的时候，可以再翻回这一页。

I am learning and growing every day

我每天都在学习和成长

忧虑"山"

感到忧虑有点像爬山。

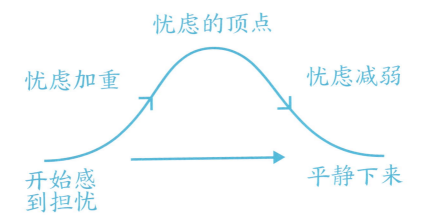

忧虑的顶点

忧虑加重　　　　　　　　　忧虑减弱

开始感
到担忧　　　　　　　　　　平静下来

如果你开始感到内心越来越忧虑，想象一座山，山顶是你最难受的地方，一旦到达山顶，你就会知道你的忧虑不会持续太久，你会感到越来越平静，直到忧虑消失。

活动：丢掉你的忧虑想法

很难摆脱忧虑的想法——它们在你的脑海中嗡嗡作响，挥之不去！

这里有一个聪明的技巧，可以帮助你摆脱忧虑。

把它们写在这里，然后剪下来，把你的烦恼扔进垃圾桶！

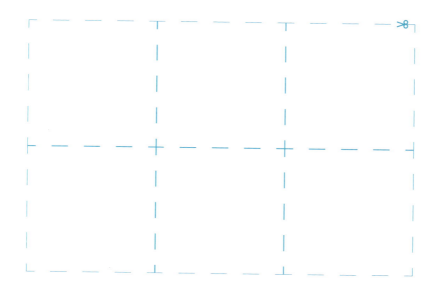

活动：多运动

　　运动对保持身体健康非常重要，但你知道它也能保持大脑健康吗？锻炼和活动你的身体会在你的大脑中释放出特别的、让人感觉良好的化学物质，帮助你感到更快乐、更自信。你能画出自己最喜欢做的运动吗？（它不一定是一项体育运动项目——跳舞、和朋友一起跑步和爬树都是很好的运动！）

冷静技巧

当你情绪激动时，一般很难想办法冷静下来，我们可以尝试多个不同的冷静技巧，通过尝试，你能知道哪些技巧对你有效，哪些无效。

每当你挣扎于自己的感受中时，你都可以看看这本书，它会提示你如何把激动的情绪从体内清除出去。

在接下来的几页里，有很多关于冷却激动情绪的技巧，你可以试试看，如果有些不适合你，那也没关系！

暂停以重置

你能暂停你的情绪吗？不一定。但是，你可以暂停你的想法和行为。

暂停意味着停止你正在做的事情，深呼吸，从你正在思考的事情中解脱出来，休息一下。

现在就试试——按下大大的暂停键，然后数到三。

按下暂停键有助于让你平静下来吗？

呼吸练习

专注于你吸气和呼气的方式是平息强烈情绪的好方法。试试这些有趣的动物呼吸练习——你最喜欢哪一种？

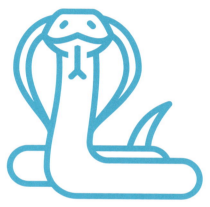

蛇式呼吸

🦋 用鼻子吸气，默数到三。

🦋 用嘴呼气，发出像蛇一样的"嘶嘶"声。

🦋 做三次。

狮子式呼吸

🦋 坐在地上，身体前倾，将手平放在地板上，手臂笔直、有力。

🦋 用鼻子吸气，默数到三。

🦋 用张开的嘴呼气，伸出舌头，就像一头咆哮的狮子。

🦋 做三次。

蜜蜂式呼吸

🦋 用鼻子吸气，默数到三。

🦋 用嘴呼气时，发出像蜜蜂一样的"嗡嗡"声，同时咬紧上下牙齿。

🦋 做三次。

让自己脚踏实地

想象一下，你是一棵树。你的枝条向上伸展，被微风吹动。你的树干挺拔。想象从你的脚底一直长到地上的结实的树根。感受地球是如何支撑你的。

你能给这张图加上树根吗？

想想自己是如何与地球相连的，这是一种很好的平复强烈情绪的方法。它之所以有效，是因为它可以把你的注意力从你的感受转移到你周围的世界。

什么是正念？

正念意味着意识到并关注你所有的感觉。当你用心时，思想和感觉会变得平静，因为你专注于当下发生的事情。

你几乎可以用正念做任何事情！以下是在公园里可以用到的一些正念方法。

- 慢慢走，注意周围的树木和植物

- 深呼吸——公园里有什么味道？

- 摸摸草地、树皮和秋千上的链条

- 选择一根树枝或一片草地，仔细观察它——你看到了什么？

下次你去公园的时候，可以试试！继续阅读，了解更多正念方法。

活动：正念涂色

涂色是一项正念活动，因为你会专注于手中的铅笔是如何移动的，以及它所做的标记。给这幅画涂上颜色，看看你是否感到平静。

活动：正念摇滚

你收藏小石块或石头吗？用珠子或乐高积木也行！把对页上的图案描到一张纸上，然后把它放平，慢慢地沿着线条排列石头、珠子或砖块。

用小物件摆出图案有助于让你平静下来，因为你专注于正在用手做的事情，而不是你的想法或感受。你能想出更多的图案吗？

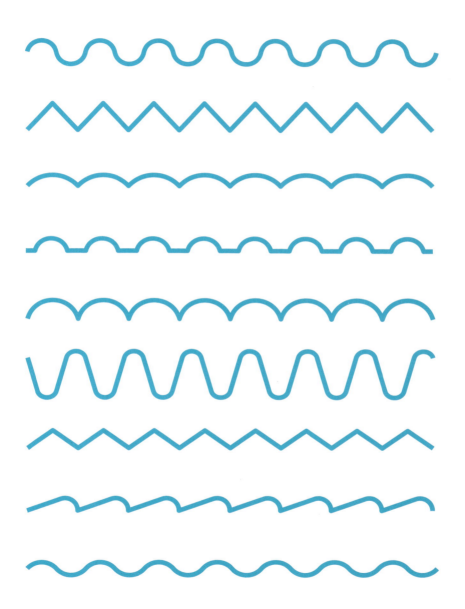

活动：正念冥想

冥想可以帮助你让整个身心平静下来。在你睡觉之前或当你感到非常担心的时候可以试一下。

如何做：

- 在一个安静舒适的地方坐下或躺下，闭上眼睛。你可以设置1分钟计时器或播放一首轻松的歌曲。

- 想象一颗珠子挂在一根绳子上。想象一下，你的双手分别握着绳子的一端，珠子在中间。把注意力集中在珠子上——它是什么颜色的？它有图案吗？

- 如果你开始想别的事情，珠子就会滑到绳子的一端。如果真的发生这种情况，那也没关系，而且这种情况肯定会发生！如果珠子滑动了，想象一下它会回到绳子的中间。

- 当计时器响起或歌曲结束时，你的冥想就完成了。

活动：我的感受卡片

剪下这些对话卡片，来帮助你谈谈自己的感受。用洗牌的方式打乱卡片，让朋友或家人从中挑选一张。这些问题是每个人都得回答的！

你现在感觉如何？	你想念什么东西或什么人？
你期待什么？	什么事让你恼火？
做一个好朋友意味着什么？	你今天感到不安吗？

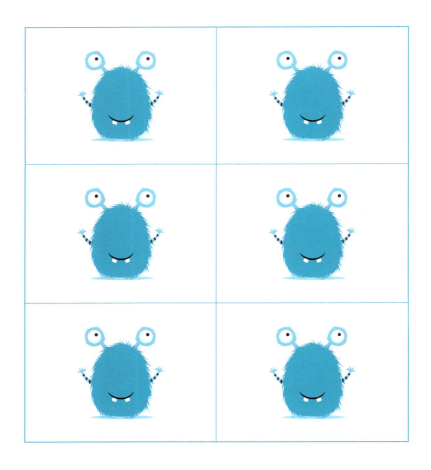

I can do
hard things

我能做困
难的事情

第四章　同理心

同理心是一种情绪超能力！本章将学习同理心是什么以及它是如何运作的。

什么是同理心？

同理心是理解他人感受的能力。没有同理心，就很难建立友谊，甚至很难与他人交谈。好消息是，当我们还是婴儿的时候，就开始学习如何移情了，所以你已经在不知不觉中就这么做了！

如果你能想象出另一个人的感受，你就能学会善待他们，成为一个知心朋友，共同去解决问题。

活动：站在他人的立场上

看看下面和下一页方框中的情绪名称。想想有此感觉的人可能会说、会想、会做的所有事情。在气泡周围写下你的想法。

例如：我太幸运了

快乐

例如：呼吸加快

愤怒

例如：寻求拥抱

_____
_____
_____

_____
_____

难过

_____
_____
_____

_____
_____

_____
_____

例如：如果我
摔倒了怎么办

_____
_____

_____
_____

担心

_____
_____

_____
_____

_____
_____

I am kind

我很
友善

每个人都不一样

同理心是一种超能力，因为每个人都不一样。我们能够想象别人的感受，这是一项了不起的技能，犯错没什么大不了的。有些人非常善于隐藏自己内心的感受，不同的人的情绪可能会有所不同。

例如，当波普感到快乐时，他会静静地微笑。当菲兹感到快乐时，他想唱歌跳舞。

所以，你可以用你的同理心来猜测别人的感受，并想象自己该如何表达善意，但每个人都是他们内心感受的专家。

活动：理解情绪

读读这些小故事，你觉得波普是什么感觉？把你的想法写下来。

波普正在和朋友们踢足球，波普本来有机会进球，但他错过了。

波普可能会觉得＿＿＿＿＿＿＿＿＿＿＿＿

＿＿＿＿＿＿＿＿＿＿＿＿＿＿＿＿＿＿＿＿

＿＿＿＿＿＿＿＿＿＿＿＿＿＿＿＿＿＿＿＿

现在是午餐时间，波普想和三个朋友坐在一起，但是波普的朋友旁边没有多余的座位。

波普可能会觉得＿＿＿＿＿＿＿＿＿＿＿＿

＿＿＿＿＿＿＿＿＿＿＿＿＿＿＿＿＿＿＿＿

＿＿＿＿＿＿＿＿＿＿＿＿＿＿＿＿＿＿＿＿

波普这学期非常努力，获得了全校阅读奖。

波普可能会觉得＿＿＿＿＿＿＿＿＿＿＿＿

＿＿＿＿＿＿＿＿＿＿＿＿＿＿＿＿＿＿＿＿

＿＿＿＿＿＿＿＿＿＿＿＿＿＿＿＿＿＿＿＿

波普的新水杯不见了，他认为有人把它偷走了。

波普可能会觉得＿＿＿＿＿＿＿＿＿＿＿＿

＿＿＿＿＿＿＿＿＿＿＿＿＿＿＿＿＿＿＿＿

＿＿＿＿＿＿＿＿＿＿＿＿＿＿＿＿＿＿＿＿

活动：当别人有强烈情绪时

当你和一个正处于愤怒或悲伤等强烈情绪下的人在一起时，你是什么感觉？

给你的感觉和感受涂上颜色。

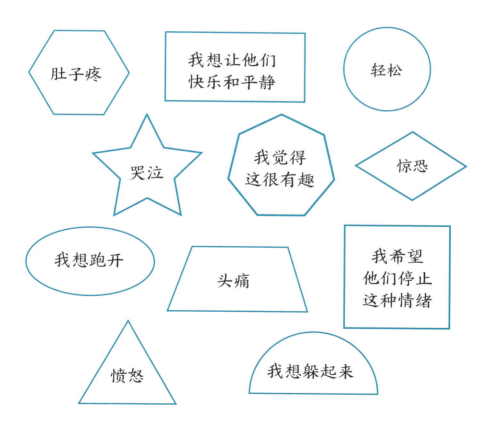

肚子疼

我想让他们快乐和平静

轻松

哭泣

我觉得这很有趣

惊恐

我想跑开

头痛

我希望他们停止这种情绪

愤怒

我想躲起来

当我们和别人在一起时，会产生各种感觉。有时我们会和周围的人有同样的感觉，或者担心他们的感受；有时我们想安慰他们；有时我们想离开他们。

无论你对另一个人的感觉如何，都是可以的，重要的是要知道，改变别人的情绪从来都不是你的任务。

每个人的感受都是自己的。我们可以互相表现出善意和同理心，同时照顾好自己的感受。

我的感受是
自己的。

　　如果别人的情绪让你感到不安或担心，试试这个特别的技巧。

　　想象一下，你周围有一个泡泡，里面很安全、很安静。你的感觉在泡泡里面，其他人的感觉都在泡泡外面。深呼吸三次。

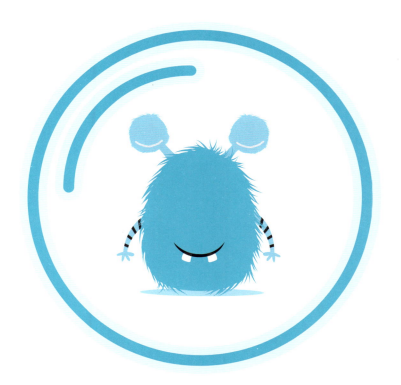

　　无论走到哪里，你都可以带上你的感觉泡泡。你的感觉泡泡并不能阻止你对别人表现出善意——事实上，它有助于你成为一个更好的朋友！

成为一名专业的倾听者

倾听是表达同理心的绝佳方式。当你仔细听别人说话时，他们知道自己很重要，你在关心他们的感受。

如何成为一名出色的倾听者？

🦋 看——眼睛注视着说话的人。

🦋 动作——微笑、点头并转向对方，表示你理解。

🦋 要有耐心——如果你不同意对方的观点或有自己的想法，也可以，但要等到对方说完后再说话。

🦋 提出问题——表明你很感兴趣，想要了解。

🦋 尊重——其他人可能和你有不同的感受和想法，如果你们意见不一致，那也没关系，这并不意味着你们都错了。

> 你也值得被倾听！你知道谁是一个很好的倾听者吗？

活动：传播正能量

当你感觉很好的时候，你可以给别人带来积极的一面！赞美是传播快乐的一种简单的方式。

把这些赞美卡片涂上颜色并剪下来——你可以把它们贴在你家小区里，夹在图书馆的书里，通过邮局寄一张，或者送给你的朋友和家人。在空白卡片上写下你自己的赞美之词。

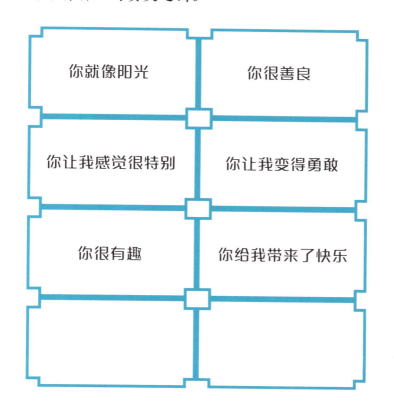

我知道情绪为什么会变化

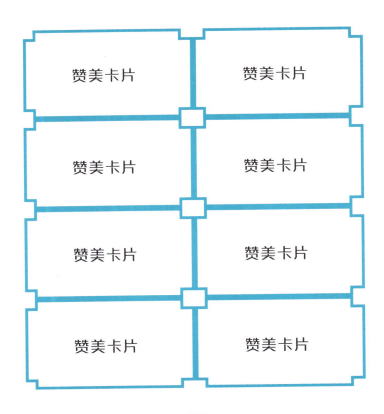

赞美卡片　　赞美卡片

赞美卡片　　赞美卡片

赞美卡片　　赞美卡片

赞美卡片　　赞美卡片

活动：看到另一面

看待事物的方式不止一种。考虑他人的想法和感受是产生同理心的关键。彼此意见相左也是可以的，听听不同的观点有助于我们学习和成长。

对于下面每一个想法，写下你的观点，并想想其他人可能会有的另一种观点。

想法	我的观点	另一种观点
最好的食物		
最受欢迎的季节		
最佳影片		
最喜欢的颜色		
最可爱的动物		

活动：和朋友编一个故事

一起创造是了解另一个人和探索感情的好方法。请朋友或家人和你一起玩编故事的游戏。每个人只需一支铅笔或钢笔。

轮流写故事的下一句。如果空间不够，可以再拿一张纸继续写。

我正在吃午饭，你绝对猜不到发生了什么……

为自己挺身而出

　　有时候，当我们善待自己，照顾自己的感受时，别人并不喜欢。这就是为什么这么做会这么难，但这并不意味着你做错了什么！

　　很多时候，为自己挺身而出需要勇气。通过一些练习来做到这一点，再加上一些善意，可以帮助你变得更勇敢。

　　如果你用善意维护自己，而对方对你并不友好，你不必按照他们说的去做。你可以非常坚定地说"不"或"停止"。如果有人伤害了你，或者做了一些让你感到不舒服或害怕的事情，你不必表现得很友善。

活动：帮助波普感觉更好

波普下周要去度假，他感到很担心！波普不想这样，他希望享受这个假期。

波普能做些什么来减轻自己的担心呢？回想一下这本书中的一些平静练习，并在这里写下你的想法。

_____

_____

_____

_____

_____

I am a
good friend

我是一个
好朋友

第五章 留出时间冷静

想办法让自己每天都感到平静。本章将学习如何放松和慢慢来。

活动：找到你的快乐之地

你的快乐之地是你感到平静、快乐和安全的地方。它可能是你非常熟悉的某个地方，或者是你想象或记忆中的某个地方。

你能在这里画出你的快乐之地吗？

当你想要平静的时候，闭上眼睛，想象一下自己身处某个快乐的地方。

想到你的快乐之地会让你感到平静，但波普很难找到让他快乐的地方——你能帮助波普走出迷宫吗？

活动：五感检查

任何时候你想平静下来，你都可以一个接一个地检查你的感官。深呼吸并说出：

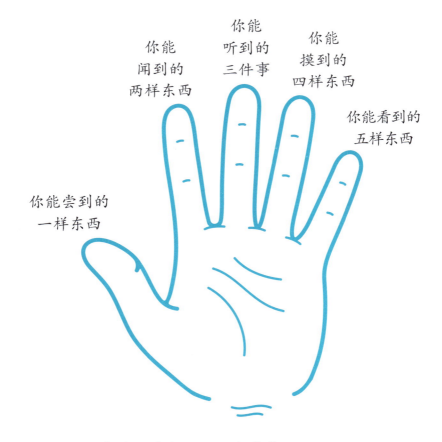

检查完你的感官之后，你感觉如何？

活动：正念寻宝

让你的五官进入游戏！你可以自己玩，也可以和朋友一起玩。抓起一个袋子，并找到：

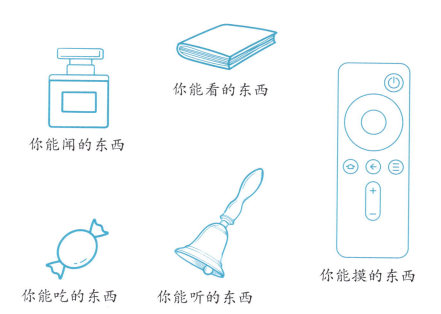

你能闻的东西

你能看的东西

你能吃的东西

你能听的东西

你能摸的东西

看看谁能最快收集到清单上的所有东西！

活动：发挥创造性

　　想象一下，你在一片神奇的森林里。你在那里能找到什么？也许有神奇的生物，或者从树上长出来的美味食物！用你最喜欢的艺术材料在两棵树之间创作一幅画。

找到你的心流

当你在做一些感觉轻松而有趣的事情时，你所感受到的平静感被称为"心流"。每个人都能在不同的活动中找到心流。

绘画　　　搭建

跳舞　　摄影　　编码

探险　　唱歌　　阅读

游泳　　发明　　写作

涂色　　园艺　　学习

缝纫　　跑步　　登山

与动物相处

你在哪里能找到心流？

_____

_____

_____

_____

I can take
things slow

我可以
慢慢来

活动：涂鸦以求平静

让你的笔和思想漫游是一种获得平静的好方法。用下面的形状来开始你的涂鸦！

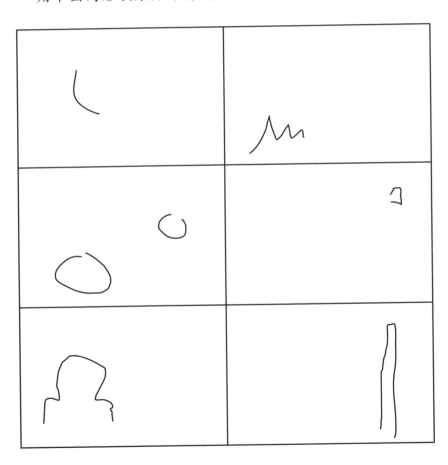

关掉你的电子产品

电子产品很有趣，但绝对不能让人平静下来！平板电脑、台式机和游戏机上的游戏，还有应用程序，都是为了让你兴奋而设计的，所以该放松的时候，请关掉你的电子产品。当你准备上床睡觉的时候，这一点就更重要了，因为屏幕上的光线会欺骗你的大脑，让它完全清醒，更难入睡。

你最喜欢的无屏幕放松方式是什么？可以在这里写下来或画出来。

活动：邮寄信件

你有没有给朋友或家人写过信？写信是一种很好的让人平静下来的活动，也是向别人表达你的关心的好方法。你甚至可能会收到他们的回信。

以下是一些可以在你的信中写的事。

- 🦋 最近发生在你身上的趣事
- 🦋 你想做，但还没有做的事
- 🦋 你做过的梦
- 🦋 你的宠物做过的事
- 🦋 发生过的棘手的事
- 🦋 你一直感受到的情绪
- 🦋 你计划在接下来的几周里做的事
- 🦋 你想提的问题

你会给谁写信？

There's only one me!

只有一个我!

活动：正能量词汇搜索

你能在下图中找到充满正能量的词吗？

E	A	H	Y	N	K	E	R	F	Q	O	H	G	S	D	A	B	X
O	I	H	S	M	Q	W	X	C	T	T	M	Z	A	D	R	S	D
F	D	S	E	R	I	Y	N	M	R	H	T	K	P	N	E	V	C
K	J	H	H	A	P	P	Y	U	K	G	F	S	A	C	L	N	S
F	C	A	E	N	M	J	Y	O	I	F	A	R	Y	I	A	O	D
Y	K	D	F	Z	X	X	C	V	D	G	L	P	E	R	X	H	S
R	D	G	F	H	I	U	K	J	N	F	G	R	Z	U	E	W	C
F	T	Y	J	K	S	X	C	E	V	C	A	V	J	D	D	S	V
S	R	V	J	N	Y	K	Y	U	K	O	S	X	V	J	S	A	D
D	R	D	O	V	D	S	E	M	H	N	U	K	E	F	B	W	I
R	A	Z	G	H	J	T	R	U	K	F	C	S	F	N	H	G	V
H	E	C	A	L	M	B	J	H	N	I	R	F	S	Z	W	D	S
E	F	S	D	G	U	H	V	A	K	D	E	J	A	J	N	Y	M
A	N	K	L	U	C	B	A	D	P	E	A	C	E	F	U	L	C
T	Y	X	K	S	K	R	D	J	S	N	J	X	K	W	I	H	S
A	H	D	C	A	R	A	B	S	K	T	E	U	C	A	K	E	J
U	D	V	Z	V	E	V	A	D	J	N	Y	W	D	V	D	A	Q
T	Y	U	N	S	W	E	D	V	S	W	H	K	B	X	E	F	E

Happy（快乐的）　　　　Confident（自信的）

Relaxed（轻松的）　　　Calm（平静的）

Peaceful（平和的）　　　Brave（勇敢的）

活动：伸展运动

伸展运动能让你的身心更加平静和清醒。当你需要动力的时候，就试着做这些伸展运动吧。

像蛇一样长：

躺在地板上，做全身伸展。

像开瓶器一样拧着：

仰卧，膝盖弯曲；将手臂向两边伸展。将膝盖放低到地板上，朝相反的方向看，然后换一侧再做。

像猫一样蜷缩着：

双脚着地，手臂沿着面前的地板伸展。

像蝴蝶一样展翅：

坐下来，把脚底合在一起，膝盖上下摆动。

像仙人掌一样高：

站得高高的，张开双臂。肘部弯曲，使双手指向上方。

平静工具包

在这一章中，我们学到了很多放松的好方法！哪一个对你有效？把你最喜欢的方法圈起来。

发挥创造性

无屏幕活动

五感检查

涂鸦

想象我的快乐之地

心流活动

伸展运动

写一封信

I can
go with the
flow

我可以
跟隨心流

第六章　照顾好自己

　　好好照顾自己会帮助你理解自己的情绪并感觉良好。本章将带你了解许多照顾自己身心的不同方式。

活动：我什么时候感觉最好，什么时候感觉不太好？

可能是一个地方、一个人或一项活动，让你感觉最好。当你感到平静和快乐的时候，想想你在哪里，和谁在一起，在做什么。

在此处写下一个或多个想法。

_____

_____

_____

_____

_____

_____

_____

_____

_____

_____

_____

_____

想想是什么让你感到担心、沮丧或不太对劲。也许某些人、某些地方或某些活动会给你带来这些感觉。

在此处写下一个或多个想法。

谁或什么能帮助你感觉更好？

活动：我很出色

　　利用这个空间来画一幅自己感觉很棒的画。想想你觉得穿什么衣服最舒服，你可能在做什么活动。

我感觉_____。

我和_____在一起。

我在做_____。

如何成为自己最好的朋友

说你可以成为自己最好的朋友，这听起来可能很奇怪，但这是真的！即使你已经有了最好的朋友，你仍然可以像最好的朋友一样，向自己表现出善意、快乐和大方。

方法如下：

- 独处
- 倾听你的身体
- 对自己有耐心
- 和善地自我对话

- 做你喜欢的事
- 自信地说"不"
- 热情地说"是"
- 需要时，去寻求帮助
- 保证充足的睡眠
- 吃得健康

- 多喝水
- 多运动

I can do
my best

我能做
到最好

活动：写感恩日记

感恩意味着心存感激，并意识到你有幸成为自己的所有原因。每天记下值得你感激的事，这可以帮助你变得更积极，烦恼更少。

 我知道情绪为什么会变化

.利用这些空间写一本感恩日记，为期一周。每天都有一个额外的想法来让你思考。

星期一

我很感激

1.＿＿＿＿＿＿＿＿＿＿＿＿＿＿＿＿＿＿＿＿

2.＿＿＿＿＿＿＿＿＿＿＿＿＿＿＿＿＿＿＿＿

3.＿＿＿＿＿＿＿＿＿＿＿＿＿＿＿＿＿＿＿＿

我很自豪，因为 ＿＿＿＿＿＿＿＿＿＿＿＿。

星期二

我很感激

1.＿＿＿＿＿＿＿＿＿＿＿＿＿＿＿＿＿＿＿＿

2.＿＿＿＿＿＿＿＿＿＿＿＿＿＿＿＿＿＿＿＿

3.＿＿＿＿＿＿＿＿＿＿＿＿＿＿＿＿＿＿＿＿

我很幸运，因为 ＿＿＿＿＿＿＿＿＿＿＿＿。

星期三

我很感激

1.＿＿＿＿＿＿＿＿＿＿＿＿＿＿＿＿＿＿＿＿

2.＿＿＿＿＿＿＿＿＿＿＿＿＿＿＿＿＿＿＿＿

3.＿＿＿＿＿＿＿＿＿＿＿＿＿＿＿＿＿＿＿＿

当 ＿＿＿＿＿＿＿＿＿＿＿＿ 时，我很勇敢。

星期四

我很感激

1.＿＿＿＿＿＿＿＿＿＿＿＿＿＿＿＿＿＿＿＿

2.＿＿＿＿＿＿＿＿＿＿＿＿＿＿＿＿＿＿＿＿

3.＿＿＿＿＿＿＿＿＿＿＿＿＿＿＿＿＿＿＿＿

当 ＿＿＿＿＿＿＿＿＿＿＿＿ 时，我感觉很好。

星期五

我很感激

1._____

2._____

3._____

当_____时，我很友好。

星期六

我很感激

1._____

2._____

3._____

当_____时，真的很有趣。

星期日

我很感激

1._____

2._____

3._____

当_____时，我感到平静。

如果你喜欢写感恩日记，你可以用日记本记录下来。

睡眠图表

你晚上是怎么入睡的？你可能会觉得这很容易，也可能会觉得很难——很多年轻人需要大人的一点帮助、特殊的毯子或泰迪熊才能入睡。

在这里写下你的就寝时间。

_____

_____

_____

你最喜欢的睡前读物是什么？

_____

_____

_____

你是先刷牙，还是先穿上睡衣？

_____

_____

_____

你床上有什么特别的东西可以帮助你入睡吗？

_____

_____

_____

　　如果你觉得很难入睡或睡眠不足，这会对你的情绪产生很大影响。当我们得到充足的休息时，我们会感觉更平静，更能掌控局面。当我们感觉累的时候，更容易被情绪控制。

　　试着一周内每天填写下面的睡眠图表，看看睡眠是如何影响你的感觉的。

	起床的感觉	白天的感觉	上床睡觉的感觉
实例	棘手——我还想继续睡觉	饥饿且脾气暴躁	容易——我感觉很累
星期一			
星期二			
星期三			
星期四			
星期五			
星期六			
星期日			

活动：锻炼

锻炼能让你的身心感觉良好！在这里画出你在做的最喜欢的运动。

骑自行车	划船	滑冰
游泳		在户外玩耍
跳舞		玩滑板
跑步		攀岩
爬树		冲浪
踢足球		帆船运动
步行		玩轮滑
瑜伽	玩蹦床	打篮球

健康饮食

多吃健康食物，意味着你的身体可以正常工作，你的大脑也可以正常工作！就像睡眠，如果身体没有得到充足的健康食物，你就很难感到平静。

每天，确保你能吃到以下食物。

 谷物类、豆类、薯类食物给予能量

 蛋白质帮助身体生长

 脂肪为日后储存能量

 水果和蔬菜有助于消化

吃少量糖果和蛋糕也是可以的！摄入食物不仅是为了保持身体健康，也是为了享受美味。

活动：设计健康的菜单

你正在举办一场盛大的宴会！你的客人渴望美味健康的食物。你能想出很多美味的食物吗？

发挥想象力，写下你喜欢的食物，并确保包括了以下所有类别！

健康怪兽餐厅

开胃菜

_____

主菜

_____

配菜

_____

甜点

_____

饮料

_____

I can listen to my body

我可以倾听我的身体

第七章　为自己喝彩

　　你已经读到了这本书的最后一章——很好！最后，你会思考所有的方法，用你学到的知识让自己每天都感觉良好。

我的情绪黄金法则

你学到了很多关于情绪的知识！这些是需要记住的黄金法则。

★ 所有感觉都还不错

★ 你真是才华横溢

★ 你可以表达自己的感受

★ 其他人可以有悲伤的情绪

★ 你把自己照顾得越好，你就会感觉越好

情绪故事

当我的家人搬到一个新的城镇时，我不得不和我学校的朋友、我的房子以及我们居住的地方所有我喜欢的东西说再见了。我感到非常非常难过，有时我仍然会去想念。走出来花了一些时间，不过我确实有了一些很棒的新朋友，我发现我们的新家也有很多值得我喜欢的地方。

乔，9 岁

我一直喜欢体操，八岁的时候，我开始参加比赛。我不喜欢比赛，更喜欢学习和练习体操。去年夏天有一场大型比赛。我感到非常紧张，以至于睡不着觉，也无法去想其他事情。我不敢说我不想参加比赛，因为我的教练指望着我，但我告诉了我的妈妈，她帮我告诉了教练。知道我不必经历这一切，真是让我松了一口气，现在我感觉好多了，我知道我随时可以说"不"。

莫莉，10 岁

我的球队在运动会上获得了第一名，我感到非常高兴！我们跳来跳去地庆祝。当然，其他球队不太高兴，但他们为我们鼓掌，最后每个人都得到了一根冰棍。

莉莉，7 岁

一次吃午餐时，一些比我高一年级的孩子开始取笑我。每个人都跟我说不要理会他们，但当他们开始谈论我的肤色时，我感到非常愤怒。我告诉他们这是种族歧视，叫他们离我远点。然后我把这件事告诉了我的老师。我真的很高兴能为自己挺身而出，表达了我的愤怒。

卢卡斯，11 岁

我爷爷去世的时候，我很难过。所有的大人也都很难过，我想念去他家，在他的花园里玩耍。我们为爷爷举行了葬礼，这样我们就可以一起发泄悲伤的情绪并缅怀爷爷。

杰米，8 岁

有一次我不小心把老师叫成了"妈妈"。一想到这件事，我仍然能感觉到我的脸颊变红了——这太尴尬了。没有多少人注意到，老师假装什么也没有发生，但我仍然觉得自己想要找个地缝钻进去。啊！我确信去年我班上的其他人也发生过这种事，但我不记得是谁了。

艾琳，10 岁

我每天的感受

你总是有感觉的。如果你从未感到过悲伤，你就无法感受到快乐，所以即使有些情绪可能很麻烦，但它们也是让生活变得有趣的一部分。

每天，你都可以用很多不同的方式来照顾自己的感受。例如，你可以写日记——只需要几分钟的思考，写下你的一天和你的感受。你不需要任何花里胡哨的设备：任何笔记本都可以写日记。

试一试——想想今天发生了什么事以及你的感受，然后写在这里。

每天写日记，坚持一年，会是什么感觉？

结 语

你已经读到这本书的结尾了！波普很喜欢学习如何处理情绪，那么你呢？

你可以随时翻开这本书——了解你自己的感受，找到一种让自己平静下来的方法，或者帮助朋友了解情绪。你做得很好，应该感到自豪。

请记住：做你自己吧，你的感受很重要。

My
feelings
matter

我的感受
很重要

写给父母和看护人：
如何帮助孩子理解他们的感受

每个人的情绪都很复杂。即使是一个成年人，也会感到困惑或不知所措。在照顾自己情绪的同时，引导孩子处理他们的情绪，这是一种平衡。当然，你不需要完美，也不需要把一切都安排好（让我们面对现实吧，没有人能把一切都安排好）。

关注孩子的情绪，让孩子知道他们的感受对你来说很重要。注意他们的肢体语言，试着猜测他们的感受，然后再问问他们，不要有任何压力。表现出好奇心，胜过担心孩子的情绪，有助于激发孩子的好奇心。

虽然尊重孩子的感受很重要，但并不意味着你应该因为他们的情绪反应而改变自己的计划、规则或界限。向他们表明，你能理解他们的情绪，让他们知道你会考虑他们的感受。这有助于让他们明白：拥有不好的情绪很正常，不必多虑；在意见不合时，要尊重自己和他人。

当你的孩子在情绪上遇到困难时，你可以用很多方法帮助他们平静下来。无论你用什么方法来支持孩子，都要有信心——这表明你能掌控一切，他们可以相信你会引导他们度过困难时期。

你可以通过有意识地内观自己的感受，来树立一个好榜样。例如，如果你和孩子有分歧，你觉得自己很生气，就说出来——说出你的情绪和你要如何处理这种情绪。你可以说这样的话：

"我能感觉到自己在生气，我要去厨房做几次深呼吸——我马上回来。"

你谈论的情绪越多，孩子就会感觉越正常，他们就越能理解自己和他人的感受，并感到自在。

我希望你和你的孩子觉得这本书有帮助。情绪可能是一个非常棘手的话题，看到一个孩子在与自己的情绪作斗争是非常令人沮丧的。当涉及情绪时，知识就是力量，你早早地就鼓励孩子培养情商，你做得很好。

推荐阅读书目

儿童阅读书目：

The Heart and the Bottle by Oliver Jeffers

HarperCollins, 2010

Happy, Healthy Minds: A Children's Guide to Emotional Wellbeing by The School of Life

The School of Life Press, 2020

家长阅读书目：

The Book You Wish Your Parents Had Read (and Your Children Will Be Glad That You Did) by Philippa Perry

Penguin, 2019

The Whole-Brain Child: 12 Proven Strategies to Nurture Your Child's Developing Mind by Dr Daniel J. Siegel and Dr Tina Payne Bryson

Robinson, 2012